ÇARPIM TABLOSU
Rebecca Treays

TÜBİTAK Popüler Bilim Kitapları 81

Çarpım Tablosu / Times Tables
Rebecca Treays
Resimleyen: Graham Round
Çeviri: Nermin Arık

© Usborne Publishing Ltd. 1994
© Türkiye Bilimsel ve Teknolojik Araştırma Kurumu, 1998

Bu yapıtın bütün hakları saklıdır. Yazılar ve görsel malzemeler,
izin alınmadan tümüyle veya kısmen yayımlanamaz.

_TÜBİTAK Popüler Bilim Kitapları'nın seçimi ve değerlendirilmesi
TÜBİTAK Yayın Komisyonu tarafından yapılmaktadır._

ISBN 975 - 403 - 124 - X

İlk basımı Haziran 1998'de yapılan
Çarpım Tablosu
bugüne kadar 65.000 adet basılmıştır.

27. Basım Aralık 2006 (10.000 adet)

Yayıma Hazırlayan: Özlem Özbal
Sayfa Düzeni: İnci Yaldız
Dizgi: Birsen Kızıldağ

TÜBİTAK
Popüler Bilim Kitapları Müdürlüğü
Atatürk Bulvarı No: 221 Kavaklıdere 06100 Ankara
Tel: (312) 467 72 11 Faks: (312) 427 09 84
e-posta: kitap@tubitak.gov.tr
İnternet: kitap.tubitak.gov.tr

Pelin Ofset - Ankara

Rebecca Treays

ÇARPIM TABLOSU

ÇEVİRİ
Nermin Arık

TÜBİTAK POPÜLER BİLİM KİTAPLARI

Çarpım tablosu üzerine

Çarpım tablosu çarpma işlemlerinin sonuçlarını öğrenmenin bir aracıdır. (Çarpı, "kere" anlamında kullanılan bir sözcüktür).

Bu üç-gözlü örümceklerin toplam kaç gözü olduğunu bulmak istediğinizi düşünelim.

Şöyle bir toplama işlemi yazabilirsiniz:

| 3 + 3 + 3 + 3 + 3 = 15 |

Ya da bir çarpma işlemi yazabilirsiniz:

| 5 x 3 = 15 |

Bu, 3 elemanlı 5 kümeniz var demektir.

Bu farelerin toplam kaç ayağı var?

Yanıtı bulmak için yapacağınız toplama işlemini aşağıdaki kutuya yazın.

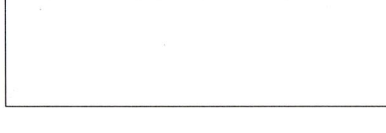

Şimdi de çarpma işlemini yazın.

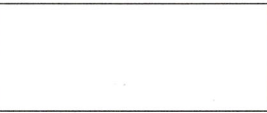

Bu kitapta 2'den 12'ye kadar olan sayılarla yapılan çarpma işlemleri yer alıyor. Her sayı için ikişer sayfa ayrılmış. Önce çarpım tablosu yazılmış, sonra da alıştırma yapmanız için bilmeceler sorulmuştur. Bazı bilmeceler daha önceki sayfalarda öğrendiğiniz çarpmaları doğru yapıp yapmadığınızı anlamak içindir.

Hımm... Dokuz ilmeklik dört sıra yapmam gerek; bu da 4 x 9 eder.

Oglarla tanışalım

Büyükanne Og örgü örmeyi çok sever. Kaç ilmek örmesi gerektiğini bulmak için çarpım tablosunu kullanır.

Büyükbaba Og deniz kabuğu biriktirir. Çarpım tablosunu kullanarak kaç kabuğu olduğunu hesaplayabilir.

Her birinde birbirinin aynı iki kabuk bulunan üç küme kabuk topladım. Yani 2 x 3.

Bay ve Bayan Og haftada bir kez Og ailesinin alışverişini yaparlar. Ne kadar ödeyeceklerini hesaplamak için çarpım tablosunu kullanırlar.

Tanesi on iki çakıl taşından altı elma aldık. Bu da 6 x 12 yapar.

Ogkent'te insanlar para olarak çakıl taşı kullanırlar.

Mog ve Zog çarpım tablosunu okulda öğreniyorlar. Tabloyu ezberlemelerine yardımcı olacak bulmacalar çözüp oyunlar oynuyorlar.

Hangi yoldan?

Mog ve Zog bu çikolatada kaç parça olduğunu bulmak için çarpım tablosunu kullanıyorlar.

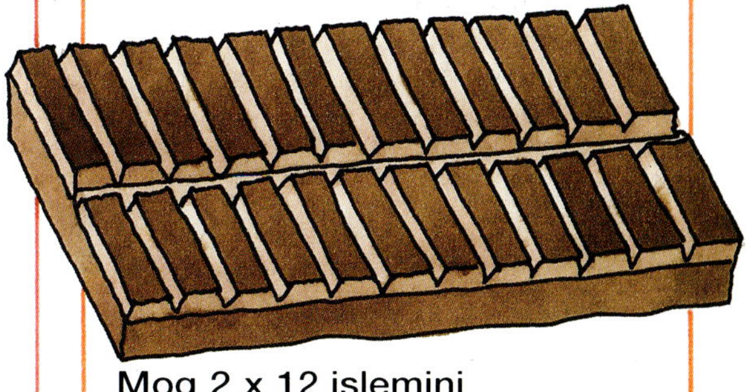

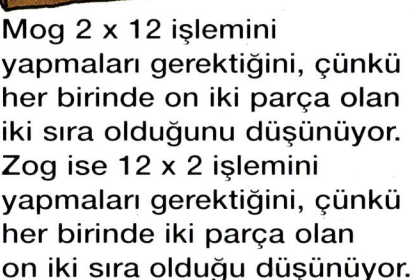

Mog 2 x 12 işlemini yapmaları gerektiğini, çünkü her birinde on iki parça olan iki sıra olduğunu düşünüyor. Zog ise 12 x 2 işlemini yapmaları gerektiğini, çünkü her birinde iki parça olan on iki sıra olduğu düşünüyor.

Büyükbaba Og ikisinin de haklı olduğunu söylüyor. Çarpma işlemlerinde sayıların sıralarının değiştirilmesi sonucu değiştirmez. 2 x 12 ile 12 x 2 aynı şeydir.

Bunun anlamı şudur: Bir çarpmanın sonucunu bir tablodan öğrendiğinizde (örneğin, 8 x 7 = 56), başka bir tablodaki bir sonucu da öğrenmiş oluyorsunuz (7 x 8 = 56).

Kitaptaki çarpım tablolarında daha önceki sayfalarda öğrenmiş olduğunuz çarpmalar kutu içine alınmıştır. Kutu içindeki çarpmalar, bildiğiniz çarpmaların sırası değiştirilerek yazılmış tekrarlarıdır.

2 kere ...

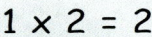

1 x 2 = 2

2 x 2 = 4

3 x 2 = 6

4 x 2 = 8

5 x 2 = 10

6 x 2 = 12

7 x 2 = 14

8 x 2 = 16

9 x 2 = 18

10 x 2 = 20

11 x 2 = 22

12 x 2 = 24

2 ile çarptığınız sayı kaç olursa olsun sonuç daima çift sayı çıkar.

Bayan Og dinozor yetiştirir. Bu hafta bir grup yumurtadan yavru çıkması bekleniyor. Her yumurtadan ikişer dinozor çıkıyor. Her gün kaç dinozorun yumurtadan çıktığını ve haftanın sonunda toplam kaç dinozor olacağını bulun. Kutulara yapmanız gereken çarpmayı ve sonucunu yazın. Birinci işlemi sizin yerinize yaptık.

Pazartesi
3 yumurta çatladı

3 x 2 = 6 dinozor

Salı
6 yumurta çatladı

Çarşamba
5 yumurta çatladı

Perşembe
9 yumurta çatladı

Cuma
2 yumurta çatladı

Cumartesi
12 yumurta çatladı

Pazar
7 yumurta çatladı

Yumurtadan çıkan toplam dinozor sayısı

Bebek dinonun yemeği

Bayan Og'un bebek dinozorların sağlıklı, güçlü ve tarihöncesi olmalarını sağlayan özel bir yemek tarifi var. Mog'dan bu yemeği kendisi için yapmasını istedi. Bu kadar çok dinozor için, Mog'un tarifte verilen miktarların iki katını (çarpı iki) kullanması gerekiyor. Mog'un her malzemeden ne kadar kullanması gerektiğini bulun.

Dinozorları beslemek için:	Mog'a gereken:
İnce doğranmış 10 kaktüs	☐ kaktüs
4 kova bataklık suyu	☐ kova bataklık suyu
8 kemik	☐ kemik
2 kavanoz fıstık ezmesi	☐ kavanoz fıstık ezmesi
12 lahana	☐ lahana
6 kaşık balıkyağı	☐ kaşık balıkyağı

3 kere ...

2 x 3 ile 3 x 2 aynı şeydir. Demek ki kutu içindeki çarpmayı daha önce öğrenmişsiniz.

1 x 3 = 3

2 x 3 = 6

3 x 3 = 9

4 x 3 = 12

5 x 3 = 15

6 x 3 = 18

7 x 3 = 21

8 x 3 = 24

9 x 3 = 27

10 x 3 = 30

11 x 3 = 33

12 x 3 = 36

Ogkent'te sıcak hava balonu yarışı yapılıyor. Kırmızı, yeşil ve mavi takımlar yarışacak. Her balonda üç kişi olacak.

Her takımda kaç kişi olduğunu sayma işine Büyükbaba Og bakıyor. Çarpım tablosunu kullanarak ona yardımcı olun.

Mavi takımda .... balon

Mavi takımda .... kişi

Yeşil takımda .... balon

Yeşil takımda .... kişi

Kırmızı takımda .... balon

Kırmızı takımda .... kişi

Balonlara birer numara vermek gerekiyor. Balonların üzerlerindeki çarpmaları yaparak sonuçları sepetlerinin üstüne yazın.

4 kere ...

1 × 4 = 4	
2 × 4 = 8	
3 × 4 = 12	
4 × 4 = 16	
5 × 4 = 20	
6 × 4 = 24	
7 × 4 = 28	
8 × 4 = 32	
9 × 4 = 36	
10 × 4 = 40	
11 × 4 = 44	
12 × 4 = 48	

Bayan Og sık sık evcil dinozorları Tiny ile arkadaşlarını ziyarete gider. Gittiği her dinometre için Tiny'ye dört kova yiyecek gerekiyor. Her yolculuk için Tiny'ye kaç kova yiyecek gerektiğini haritaya bakarak hesaplayın.

Ogkent'ten

İnköy'e
Yeşilköy'e
Batakköy'e
Fosilköy'e
Kayaköprü'ye
Eğreltiköy'e
Çakıltepe'ye
Eskikaya'ya

Ogkent'te uzaklıklar dinometre ile ölçülür. Bu da genellikle dm olarak kısaltılır.

Yeşilköy — 9 dm
Kayaköprü — 6 dm
Batakköy — 7 dm
İnköy — 12 dm
Eskikaya — 4 dm
Fosilköy — 8 dm
Çakıltepe — 10 dm
Eğreltiköy — 11 dm

Kutu içindeki çarpmaları daha önce öğrenmiştiniz.

5 kere ...

Kutu içindeki çarpmaları daha önce öğrenmiştiniz.

1 x 5 = 5
2 x 5 = 10
3 x 5 = 15
4 x 5 = 20
5 x 5 = 25
6 x 5 = 30
7 x 5 = 35
8 x 5 = 40
9 x 5 = 45
10 x 5 = 50
11 x 5 = 55
12 x 5 = 60

Dikkat ettiyseniz bu tablodaki yanıtlar ya 5 ya 0 ile bitiyor.

Ogkent'in en ünlü şarkıcısı olan Oggy Aytozu, Ogkent Kültür Merkezi'nde bir konser verecek. Tanesi beş çakıl taşı olan biletler kapışılıyor.

Hatırlarsanız Ogkentliler para olarak çakıl taşı kullanıyorlar.

Ogkent Kültür Merkezi'nin yöneticisinin hesap kayasını doldurarak ona çakıl hesaplarında yardımcı olur musunuz?

	satın alınan bilet sayısı	toplam ödeme
Bog ailesi		
İkizler		
Lily		
Og ailesi		
Fergus		
Ogspor		
Hayran Kulübü		

Ben dokuz bilet aldım.

Ben Ogspor futbol takımının oyuncuları için birer bilet, yani 11 bilet aldım.

Ben Oggy Aytozu Hayranları Kulübü'nün üyeleri için 12 bilet aldım.

Ben bütün Og ailesi için bilet aldım, yani altı bilet.

6 kere ...

Kutu içindeki çarpmaları daha önce öğrenmiştiniz.

Oğların altısı da pikniğe gidecekler. Yiyecekleri almak için Mog çarşıya gidiyor. Her birinden kaç tane alması gerektiğini hesaplayarak alışveriş listesine yazın.

1 × 6 = 6
2 × 6 = 12
3 × 6 = 18
4 × 6 = 24
5 × 6 = 30
6 × 6 = 36
7 × 6 = 42
8 × 6 = 48
9 × 6 = 54
10 × 6 = 60
11 × 6 = 66
12 × 6 = 72

Mog'un alışveriş listesi

..... muz
..... kutu içecek
..... kiraz
..... çilek
..... sandviç
..... çikolatalı bisküvi
..... ceviz
..... küçük pasta
..... dilim kek
..... çörek
..... küçük pizza
..... dilim salam

3'er muz

2'şer kutu içecek

1'er dilim kek

7 kere ...

1 × 7 = 7

2 × 7 = 14

3 × 7 = 21

4 × 7 = 28

5 × 7 = 35

6 × 7 = 42

7 × 7 = 49

8 × 7 = 56

9 × 7 = 63

10 × 7 = 70

11 × 7 = 77

12 × 7 = 84

Kutu içindeki çarpmaları daha önce öğrenmiştiniz.

Bulmaca kartı

Arkadaşı Mint, Mog'a bir bulmaca kartı gönderdi. Resimdekinin ne olduğunu bulmak için önce aşağıdaki çarpma işlemlerini yapın. Sonra da sonuçları kartın üzerinde bularak, o sayıların bulunduğu şekilleri karalayın.

9 × 7 =
3 × 7 =
12 × 7 =
7 × 7 =
4 × 7 =
11 × 7 =
2 × 7 =
6 × 7 =
10 × 7 =
8 × 7 =
1 × 7 =
5 × 7 =

Şifre çözmek

Mog da Mint'e bir mesaj gönderiyor. Ama Zog'un mesajı okumasını istemediği için bir şifre kullanıyor. Mesajda her harf için bir sayı kullanılmış. Bir sayının hangi harf olduğunu bulmak için Mint'in çarpma işlemlerini yapması gerekiyor.

Şifre:

A 8 × 4 =
B 7 × 3 =
D 9 × 7 =
E 9 × 3 =
G 12 × 7 =
H 10 × 4 =
I 2 × 7 =
İ 6 × 3 =
K 10 × 6 =
L 7 × 6 =

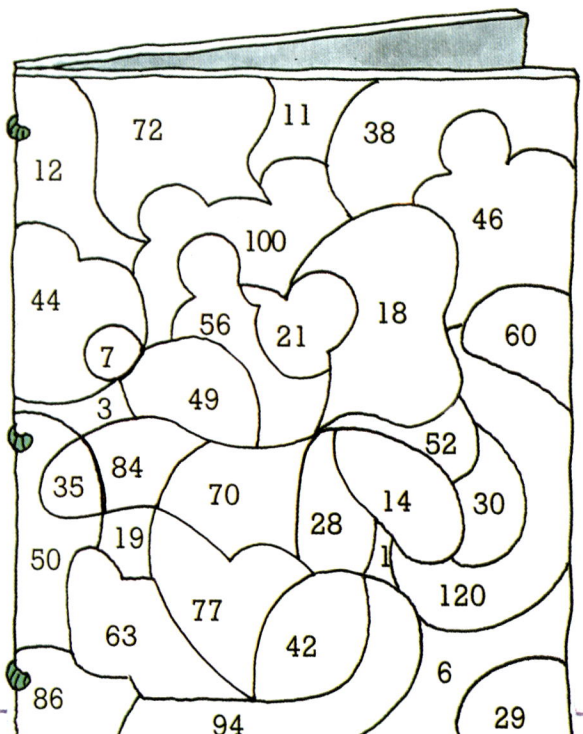

8 kere ...

1 × 8 = 8
2 × 8 = 16
3 × 8 = 24
4 × 8 = 32
5 × 8 = 40
6 × 8 = 48
7 × 8 = 56
8 × 8 = 64
9 × 8 = 72
10 × 8 = 80
11 × 8 = 88
12 × 8 = 96

Kutu içindeki çarpmaları daha önce öğrenmiştiniz.

Mog ve Zog Kokuşmuş Bataklık'ın yanlış tarafında kalakaldılar.

Karşıya ancak küçük adalara basarak geçebilirler. Ama onların da hepsi güvenli değil. Yanlış bir adaya basarlarsa bataklığın pis sularına düşecekler.

Bataklığın yanında, uyuyan sukaplumbağaları var. Hangi adaların güvenli olduğunun anahtarı onlarda. Kaplumbağaların sırtındaki çarpma işlemlerini yapın ve Mog ile Zog'un basabilecekleri adaların üzerine birer çarpı koyun.

12 × 8 =
6 × 8 =
8 × 8 =
5 × 8 =
9 × 8 =

9 kere ...

Kutu içindeki çarpmaları daha önce öğrenmiştiniz. Öyleyse sadece beş yeni çarpma öğrenmeniz gerekiyor.

1 x 9 = 9

2 x 9 = 18

3 x 9 = 27

4 x 9 = 36

5 x 9 = 45

6 x 9 = 54

7 x 9 = 63

8 x 9 = 72

9 x 9 = 81

10 x 9 = 90

11 x 9 = 99

12 x 9 = 108

Zog bazı arkadaşlarıyla kamp yapacak. (Hepsi dokuz kişi.) Onun görevi kamp deposundan herkesin kamp donanımını almak.

Her bir kampçı için aşağıdaki malzeme gerekli:

1 çadır
12 çadır kancası
7 şişe su
2 çift bot
8 çift çorap
3 tişört
6 bandaj
9 tüp sinek kovucu
4 ekmek
10 paket sosis
5 tava
11 elma

Her eşyadan kaç tane alması gerektiğini hesaplamada Zog'a yardımcı olun.

Zog'un ..... çadır alması gerekiyor.

Zog'un ..... kanca alması gerekiyor.

Zog'un ..... şişe su alması gerekiyor.

Zog'un ..... çift çorap alması gerekiyor.

Zog'un ..... çift bot alması gerekiyor.

Zog'un ..... tişört alması gerekiyor.

Zog'un ..... bandaj alması gerekiyor.

Zog'un ..... tüp sinek kovucu alması gerekiyor.

Zog'un ..... ekmek alması gerekiyor.

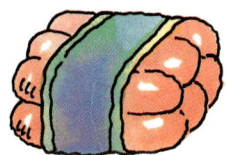

Zog'un ..... paket sosis alması gerekiyor.

Zog'un ..... tava alması gerekiyor.

Zog'un ..... elma alması gerekiyor.

Küçük bir ipucu

Bu yöntem size 9 ile yapılan çarpma işlemlerinde 10 x 9'a kadar yardımcı olacaktır. (Bunu 11 ve 12 için kullanamazsınız).

Ellerinizi avuçlarınız size bakacak şekilde kaldırın.

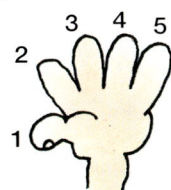 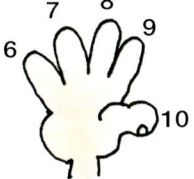

Sol elinizin başparmağından başlayarak parmaklarınızı 1'den 10'a kadar numaralayın.

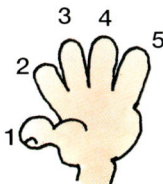 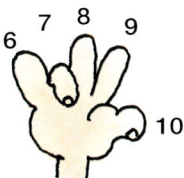

Örneğin, 7 x 9'u hesaplamak istiyorsanız yedinci parmağınızı indirin.

Yedinci parmağınızın solundaki parmakları sayın. Altı parmak var. Bu size yanıtın onlar basamağını verir.

Yedinci parmağınızın sağındaki parmakları sayın. Üç tane var. Bu da size yanıtın birler basamağını verir.

Böylece yanıt 63 olur.

10 kere ...

1 x 10 = 10
2 x 10 = 20
3 x 10 = 30
4 x 10 = 40
5 x 10 = 50
6 x 10 = 60
7 x 10 = 70
8 x 10 = 80
9 x 10 = 90
10 x 10 = 100
11 x 10 = 110
12 x 10 = 120

Sadece dört yeni çarpma öğrenmeniz gerekiyor.

Bir sayıyı 10 ile çarpmak çok kolaydır. Yapacağınız tek şey çarpacağınız sayıya bir sıfır eklemektir.

4 x 10 = 40
11 x 10 = 110

Bir sayıyı 10 ile çarpmak kolay olduğundan, size zor gelen bazı çarpma işlemlerinde bundan faydalanabilirsiniz.

8 x 9, 8 x 10'dan 8 x 1 çıkarmak ile aynı şeydir. (Aşağıya bakınız.)

8 x 10 = 80
8 x 1 = 8
80 - 8 = 72
öyleyse: 8 x 9 = 72

6 x 5, 6 x 10'un yarısıyla aynı şeydir. (Aşağıya bakınız.)

6 x 10 = 60
60'ın yarısı 30'dur.
öyleyse: 6 x 5 = 30

Nokta birleştirmece

Bugün Og ailesinden birinin doğum günü. Kimin doğum günü olduğunu bulmak için noktaları birleştirmeniz gerekiyor. Birinci çarpmanın sonucu hangi noktadan başlayacağınızı, sonraki çarpımlar ise sırayla hangi noktalara gideceğinizi gösteriyor. Bütün çarpmaları yapın ve noktaları sırayla birleştirin.

Noktaları birleştirmek için 2, 3, 4, 5, 6, 7, 8, 9 ve 10 ile yapılan çarpma işlemlerini kullanacaksınız.

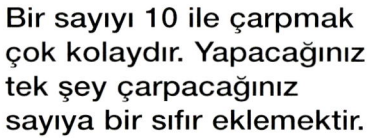

1. 4 x 9 =
2. 2 x 3 =
3. 8 x 5 =
4. 7 x 7 =
5. 6 x 8 =
6. 3 x 4 =
7. 12 x 10 =
8. 11 x 6 =
9. 9 x 8 =
10. 5 x 5 =
11. 8 x 2 =
12. 6 x 5 =
13. 12 x 5 =
14. 7 x 6 =
15. 9 x 10 =
16. 2 x 10 =
17. 11 x 9 =
18. 5 x 7 =
19. 7 x 4 =

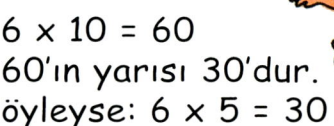

Bütün noktaları birleştirdikten sonra resmi boyayabilirsiniz.

20. 9 × 3 =
21. 4 × 4 =
22. 8 × 8 =
23. 2 × 4 =
24. 3 × 5 =
25. 10 × 10 =
26. 7 × 3 =
27. 4 × 8 =
28. 11 × 10 =
29. 5 × 10 =
30. 6 × 9 =
31. 9 × 5 =
32. 7 × 8 =
33. 9 × 9 =
34. 2 × 11 =
35. 7 × 10 =
36. 3 × 8 =
37. 3 × 6 =
38. 8 × 10 =

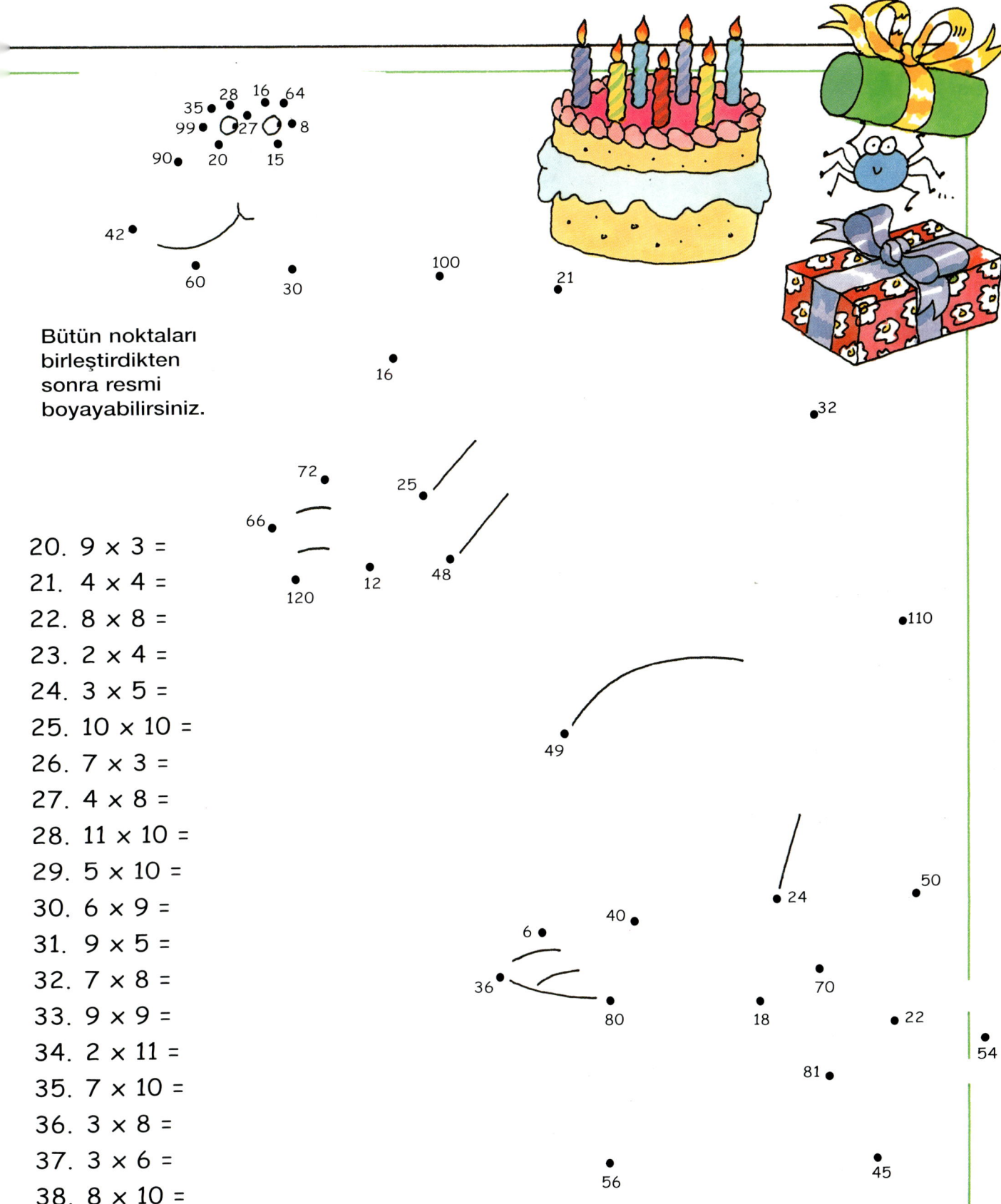

11 kere ...

10'dan küçük bir sayıyı 11 ile çarpmak için o sayıyı iki defa yazmanız yeterli.

Büyükanne Og kış için Büyükbaba Og'a çizgili, upuzun bir atkı örüyor. Renklerin her biri farklı sayıda örgü sırasından oluşuyor. Ancak her rengin eni on bir ilmek. Büyükanne Og her renk için kaç ilmek öreceğini bilmek istiyor; o zaman gerektiği kadar yün alabilir. Ona yardım edebilir misiniz?

1 x 11 = 11

2 x 11 = 22

3 x 11 = 33

4 x 11 = 44

5 x 11 = 55

6 x 11 = 66

7 x 11 = 77

8 x 11 = 88

9 x 11 = 99

10 x 11 = 110

11 x 11 = 121

12 x 11 = 132

Sadece üç yeni çarpma öğrenmeniz gerekiyor.

her renk için sıra sayısı	her renk için ilmek sayısı
10 koyu mavi	
7 sarı	
3 mor	
6 yeşil	
1 turuncu	
9 siyah	
4 kırmızı	
12 turkuvaz	
2 menekşe	
5 pembe	
11 kahverengi	
8 açık mavi	

Büyükbaba Og atkıya teşekkür etmek için Büyükanne'ye bir kutu çarpım tablosu pastası verdi. Bu küçük pastaların hepsi birbirinden farklı. Adlarını bulmak için listedeki çarpmaları yapın ve sonuçları pastaların üstündeki numaralarla eşleyin.

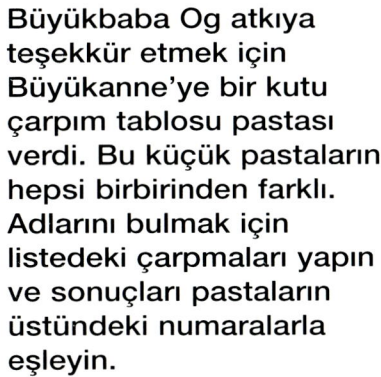

Çarpım tablosu pastaları

Dinoçıtır 11 x 9 =
Çikolatalı gamyam 4 x 7 =
Ananas harikası 12 x 2 =
Muzlu karamel krema 7 x 7 =
Bademli sır 12 x 3 =
Hindistancevizi sürprizi 10 x 5 =
Karamel tepesi 8 x 8 =

12 kere ...

1 × 12 = 12	
2 × 12 = 24	
3 × 12 = 36	
4 × 12 = 48	
5 × 12 = 60	
6 × 12 = 72	
7 × 12 = 84	
8 × 12 = 96	
9 × 12 = 108	
10 × 12 = 120	
11 × 12 = 132	
12 × 12 = 144	

Oglar alışverişe çıktılar. Listelerine bakarak her birinin kaç çakıl taşı harcadığını bulun.

Mog ve Zog bütün alışverişlerini "ne alırsan 12 çakıl" bölümünden yaptılar.

Mog'un listesi   çakıl taşı

10 bilye
12 jöleli şeker
4 saç tokası
3 pastel boya
6 dino gofreti
 (Tiny için)
9 çıkartma

    toplam

Zog'un listesi   çakıl taşı

8 hokkabaz topu
5 plastik örümcek
1 beysbol şapkası
2 yumak ip
7 kaya çikolatası
11 bilye

    toplam

NE ALIRSAN 12 ÇAKIL

12 ile yapılan çarpma işlemleri çok zor gibi görünüyor, ancak diğer tabloları öğrendiyseniz, burada öğrenilecek sadece iki yeni çarpma var.

Bir sayıyı 12 ile çarparken zorlanırsanız, onu 11 ile çarpıp sonucu sayının kendisiyle toplamayı deneyin.

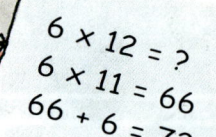

Yanıtlar

Çarpım tablosu üzerine

Yanıtı bulmak için yapacağınız toplama işlemini aşağıdaki kutuya yazın.

4 + 4 + 4 + 4 + 4 + 4 = 24

Şimdi de çarpma işlemini yazın.

6 x 4 = 24

2 kere ...

3 kere ...

4 kere ...

5 kere ...

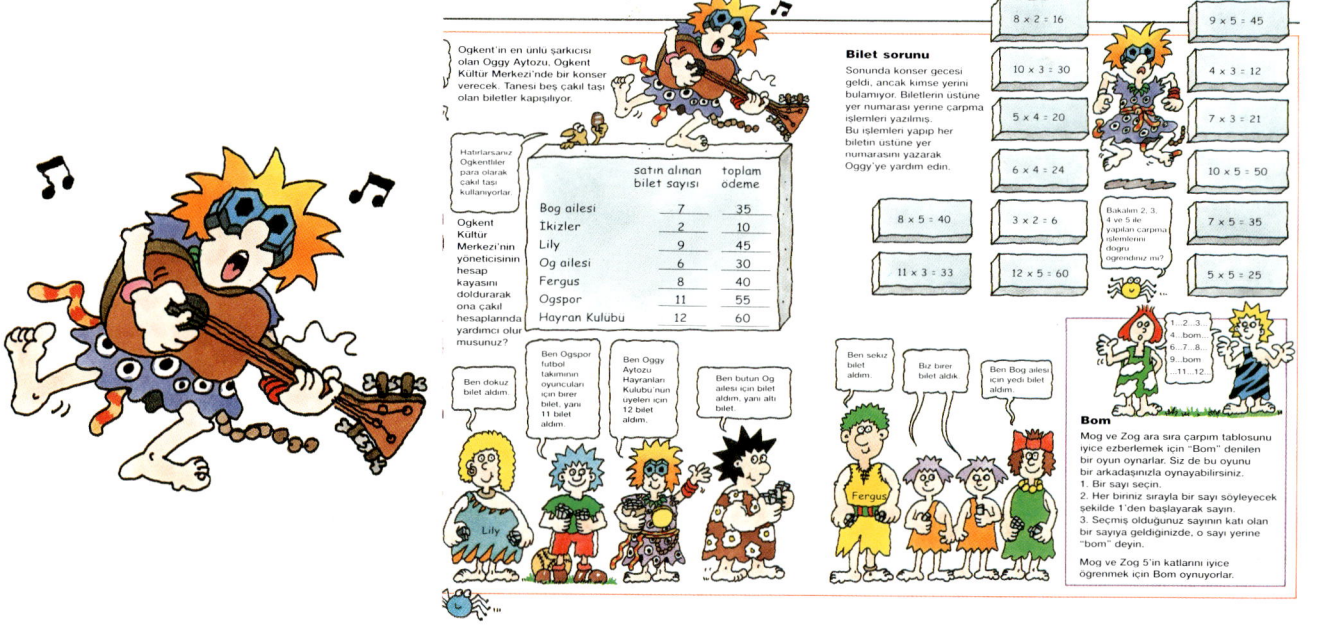

6 kere ...

7 kere ...

8 kere ...

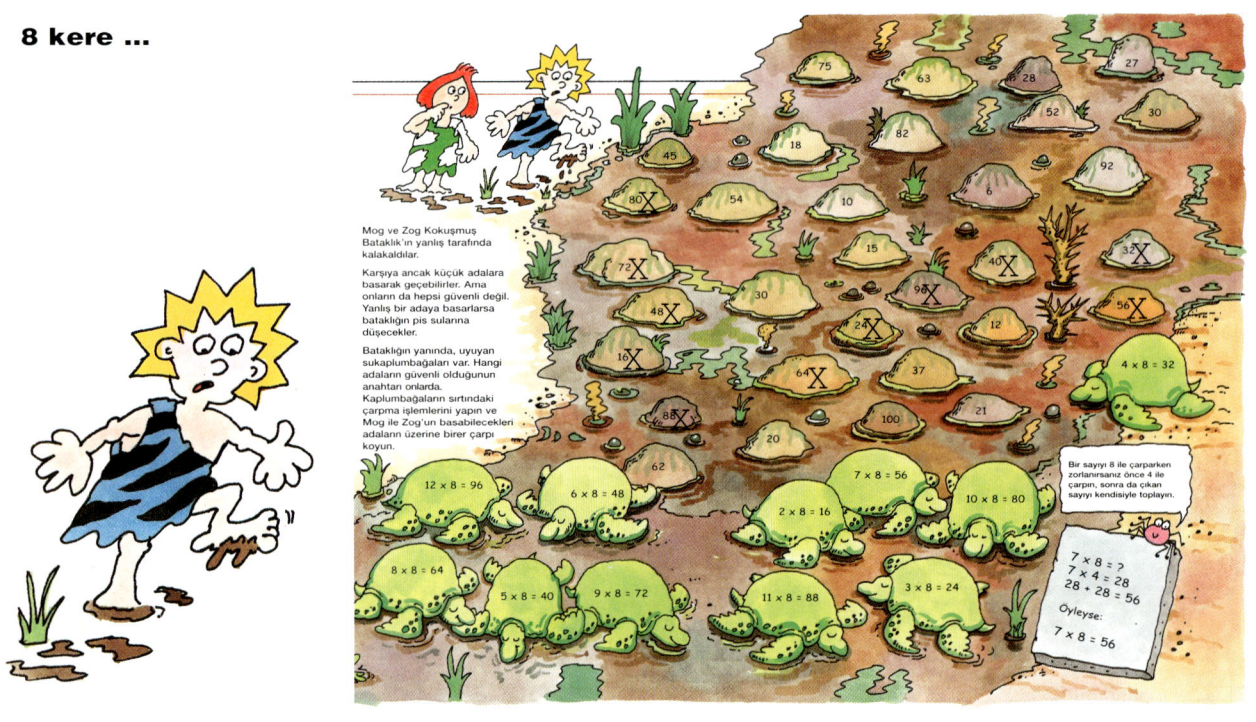

9 kere ...

Zog bazı arkadaşlarıyla kamp yapacak. (Hepsi dokuz kişi.) Onun görevi kamp deposundan herkesin kamp donanımını almak.

Her bir kampçı için aşağıdaki malzeme gerekli:

1 çadır
12 çadır kancası
7 şişe su
2 çift bot
8 çift çorap
3 tişört
6 bandaj
9 tüp sinek kovucu
4 ekmek
10 paket sosis
5 tava
11 elma

Her eşyadan kaç tane alması gerektiğini hesaplamada Zog'a yardımcı olun.

Zog'un ..9.. çadır alması gerekiyor.
Zog'un 108 kanca alması gerekiyor.
Zog'un 63 şişe su alması gerekiyor.
Zog'un 18 çift bot alması gerekiyor.
Zog'un 72 çift çorap alması gerekiyor.
Zog'un 27 tişört alması gerekiyor.
Zog'un 81 tüp sinek kovucu alması gerekiyor.
Zog'un 90 paket sosis alması gerekiyor.
Zog'un 99 elma alması gerekiyor.
Zog'un 54 bandaj alması gerekiyor.
Zog'un 36 ekmek alması gerekiyor.
Zog'un 45 tava alması gerekiyor.

Küçük bir ipucu

Bu yöntem size 9 ile yapılan çarpma işlemlerinde 10 x 9'a kadar yardımcı olacaktır. (Bunu 11 ve 12 için kullanamazsınız).

Ellerinizi avuçlarınız size bakacak şekilde kaldırın.

Sol elinizin başparmağından başlayarak parmaklarınızı 1'den 10'a kadar numaralayın.

Örneğin, 7 x 9'u hesaplamak istiyorsanız yedinci parmağınızı indirin.

Yedinci parmağınızın solundaki parmakları sayın. Altı parmak var. Bu size yanıtın onlar basamağını verir.

Yedinci parmağınızın sağındaki parmakları sayın. Üç tane var. Bu da size yanıtın birler basamağını verir.

Böylece yanıt 63 olur.

10 kere ...

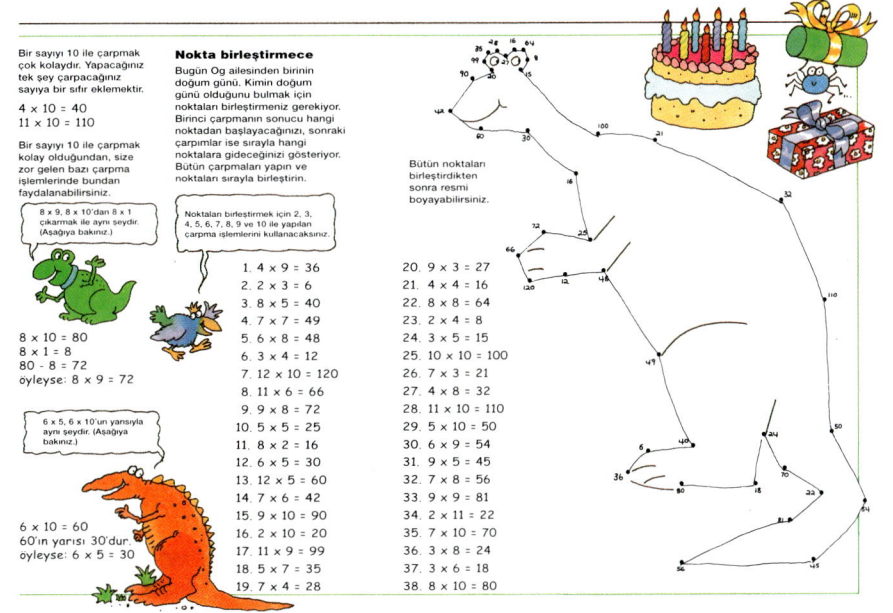

Bir sayıyı 10 ile çarpmak çok kolaydır. Yapacağınız tek şey çarpacağınız sayıya bir sıfır eklemektir.

4 x 10 = 40
11 x 10 = 110

Bir sayıyı 10 ile çarpmak kolay olduğundan, size zor gelen bazı çarpma işlemlerinde bundan faydalanabilirsiniz.

8 x 9, 8 x 10'dan 8 x 1 çıkarmak ile aynı şeydir. (Aşağıya bakınız.)

8 x 10 = 80
8 x 1 = 8
80 - 8 = 72
öyleyse: 8 x 9 = 72

6 x 5, 6'nın yarısıyla aynı şeydir. (Aşağıya bakınız.)

6 x 10 = 60
60'ın yarısı 30'dur.
öyleyse: 6 x 5 = 30

Nokta birleştirmece

Bugün Og ailesinden birinin doğum günü. Kimin doğum günü olduğunu bulmak için noktaları birleştirmeniz gerekiyor. Birinci çarpmanın sonucu hangi noktadan başlayacağınızı, sonraki çarpımlar ise sırayla hangi noktalara gideceğinizi gösteriyor. Bütün çarpmaları yapın ve noktaları sırayla birleştirin.

Noktaları birleştirmek için 2, 3, 4, 5, 6, 7, 8, 9 ve 10 ile yapılan çarpma işlemlerini kullanacaksınız.

Bütün noktaları birleştirdikten sonra resmi boyayabilirsiniz.

1. 4 x 9 = 36
2. 2 x 3 = 6
3. 8 x 5 = 40
4. 7 x 7 = 49
5. 6 x 8 = 48
6. 3 x 4 = 12
7. 12 x 10 = 120
8. 11 x 6 = 66
9. 9 x 8 = 72
10. 5 x 5 = 25
11. 8 x 2 = 16
12. 6 x 5 = 30
13. 12 x 5 = 60
14. 7 x 6 = 42
15. 9 x 10 = 90
16. 2 x 10 = 20
17. 11 x 9 = 99
18. 5 x 7 = 35
19. 7 x 4 = 28
20. 9 x 3 = 27
21. 4 x 4 = 16
22. 8 x 8 = 64
23. 2 x 4 = 8
24. 3 x 5 = 15
25. 10 x 10 = 100
26. 7 x 3 = 21
27. 4 x 8 = 32
28. 11 x 10 = 110
29. 5 x 10 = 50
30. 6 x 9 = 54
31. 9 x 5 = 45
32. 7 x 8 = 56
33. 9 x 9 = 81
34. 2 x 11 = 22
35. 7 x 10 = 70
36. 3 x 8 = 24
37. 3 x 6 = 18
38. 8 x 10 = 80

11 kere ...

Büyükanne Og kış için Büyükbaba Og'a çizgili, upuzun bir atkı örüyor. Renklerin her biri farklı sayıda örgü sırasından oluşuyor. Ancak her rengin eni on bir ilmek. Büyükanne Og her renk için kaç ilmek öreceğini bilmek istiyor; o zaman gerektiği kadar yün alabilir. Ona yardım edebilir misiniz?

her renk için sıra sayısı	her renk için ilmek sayısı
10 koyu mavi	110
7 sarı	77
3 mor	33
6 yeşil	66
1 turuncu	11
9 siyah	99
4 kırmızı	44
12 turkuaz	132
2 menekşe	22
5 pembe	55
11 kahverengi	121
8 açık mavi	88

Büyükbaba Og atkıya teşekkür etmek için Büyükanne'ye bir kutu çarpım tablosu pastası verdi. Bu küçük pastaların hepsi birbirinden farklı. Adlarını bulmak için listedeki çarpmaları yapın ve sonuçları pastaların üstündeki numaralarla eşleyin.

Çarpım tablosu pastaları

Dinoçıtır $11 \times 9 = 99$
Çikolatalı gamyam $4 \times 7 = 28$
Ananas harikası $12 \times 2 = 24$
Muzlu karamel krema $7 \times 7 = 49$
Bademli sır $12 \times 3 = 36$
Hindistancevizi sürprizi $10 \times 5 = 50$
Karamel tepesi $8 \times 8 = 64$

Bu bulmaca için 2, 3, 5, 7, 8 ve 9 ile yapılan çarpma işlemlerini kullanacaksınız.

12 kere ...

Oglar alışverişe çıktılar. Listelerine bakarak her birinin kaç çakıl taşı harcadığını bulun.

Mog ve Zog bütün alışverişlerini "ne alırsan 12 çakıl" bölümünden yaptılar.

Mog'un listesi	çakıl taşı
10 bilye	120
12 jöleli şeker	144
4 saç tokası	48
3 pastel boya	36
6 dino gofreti (Tiny için)	72
9 çıkartma	108
toplam	528

Zog'un listesi	çakıl taşı
8 hokkabaz topu	96
5 plastik örümcek	60
1 beysbol şapkası	12
2 yumak ip	24
7 kaya çikolatası	84
11 bilye	132
toplam	408

Bay ve Bayan Og'un kaç çakıl taşı harcadığını hesaplamak için 2'den 12'ye kadar olan sayılarla yapılan çarpma işlemlerini kullanmanız gerekiyor.

Bay ve Bayan Og alışverişlerini başka bir dükkândan yaptılar. Orada her malın fiyatı farklı.

Bay ve Bayan Og'un listesi	çakıl taşı
12 yumurta	36
2 kavanoz reçel	10
4 torba un	16
9 büyük lahana	54
8 kayaburger	40
5 şişe bataklık sosu	15
3 muz	18
10 havuç	60
7 çikolatalı kek	35
6 mango	24
11 dino boy mendil	88
toplam	396

Bir sayıyı 12 ile çarparken zorlanırsanız, onu 11 ile çarpıp sonucu sayının kendisiyle toplamayı deneyin.

$6 \times 12 = ?$
$6 \times 11 = 66$
$66 + 6 = 72$

Çarpım tabloları genel testi

Bu testi yaparak 2'den 12'ye kadar olan sayılarla yapılan çarpma işlemlerini öğrenip öğrenmediğinizi göreceksiniz. Ne kadar sürede yaptığınızı not edip, testi tekrar çözerek hızlanıp hızlanmadığınızı anlayabilirsiniz. Yanıtları kurşunkalemle yazarsanız sonradan silebilirsiniz. Ya da yanıtları başka bir kâğıda yazın. Yanıtlar bir sonraki sayfadadır.

3 x 3 =

4 x 10 =

7 x 11 =

5 x 5 =

6 x 12 =

12 x 8 =

5 x 3 =

2 x 12 =

5 x 6 =

3 x 8 =

3 x 4 =

8 x 9 =

7 x 2 =

6 x 4 =

5 x 10 =

10 x 8 =

7 x 7 =

11 x 4 =

9 x 3 =

2 x 2 =

6 x 7 =

9 x 12 =

9 x 2 =

7 x 6 =

5 x 4 =

3 x 6 =

4 x 4 =

8 x 2 =

9 x 7 =

3 x 11 =

12 x 12 =

8 x 6 =

10 x 9 =

8 x 8 =

2 x 7 =

9 x 9 =

11 x 11 =

5 x 2 =

8 x 7 =

6 x 6 =

12 x 11 =

10 x 10 =

4 x 8 =

Çarpım tabloları genel testinin yanıtları

3 x 4 = 12	6 x 12 = 72	5 x 6 = 30
8 x 9 = 72	9 x 12 = 108	3 x 8 = 24
7 x 2 = 14	9 x 2 = 18	10 x 9 = 90
6 x 4 = 24	7 x 6 = 42	8 x 8 = 64
5 x 10 = 50	5 x 4 = 20	2 x 7 = 14
10 x 8 = 80	3 x 6 = 18	9 x 9 = 81
7 x 7 = 49	4 x 4 = 16	11 x 11 = 121
11 x 4 = 44	8 x 2 = 16	5 x 2 = 10
9 x 3 = 27	9 x 7 = 63	8 x 7 = 56
2 x 2 = 4	3 x 11 = 33	6 x 6 = 36
6 x 7 = 42	12 x 12 = 144	12 x 11 = 132
3 x 3 = 9	8 x 6 = 48	10 x 10 = 100
4 x 10 = 40	12 x 8 = 96	4 x 8 = 32
7 x 11 = 77	5 x 3 = 15	
5 x 5 = 25	2 x 12 = 24	